Matthias Pilecky

Lebensmittelkonservierung - Ein Überblick über aktuell gängige Konservierungsmethoden

GRIN Verlag

Bibliografische Information der Deutschen Nationalbibliothek:

Die Deutsche Bibliothek verzeichnet diese Publikation in der Deutschen National-bibliografie; detaillierte bibliografische Daten sind im Internet über http://dnb.d-nb.de/ abrufbar.

Impressum:

Copyright © 2011 GRIN Verlag GmbH
Druck und Bindung: Books on Demand GmbH, Norderstedt Germany
ISBN: 978-3-640-95764-4

Dieses Buch bei GRIN:

http://www.grin.com/de/e-book/174973/lebensmittelkonservierung-ein-ueberblick-ueber-aktuell-gaengige-konservierungsmethoden

GRIN - Your knowledge has value

Der GRIN Verlag publiziert seit 1998 wissenschaftliche Arbeiten von Studenten, Hochschullehrern und anderen Akademikern als eBook und gedrucktes Buch. Die Verlagswebsite www.grin.com ist die ideale Plattform zur Veröffentlichung von Hausarbeiten, Abschlussarbeiten, wissenschaftlichen Aufsätzen, Dissertationen und Fachbüchern.

Besuchen Sie uns im Internet:

http://www.grin.com/

http://www.facebook.com/grincom

http://www.twitter.com/grin_com

Institut für Lebensmittelchemie
und Toxikologie

Lebensmittelkonservierung

Seminararbeit von

Matthias Pilecky

13. Mai. 2011

Inhaltsverzeichnis

1 Einleitung

1.1 Wozu Konservierung?

Konservierung dient mehreren Zwecken. So soll die Fäulnis eines Lebensmittels auf ein Mindestmaß reduziert werden. Das bedeutet nichts anderes als die Verhinderung der Zersetzung durch zelleigene oder mikrobiotische Enzyme. Damit einher geht der Wunsch der Erhaltung von Aromen und die Vermeidung der Ausbildung von Fehlaromen. Nicht zu unterschätzen ist auch die Inhibierung eines Wachstums pathogener Organismen.

Der Wunsch, Nahrung länger haltbar zu machen, um sie für knappe Zeiten (Winter, Dürre, etc.) aufzusparen, existiert schon lange und bereits früh in der Menschheitsgeschichte waren auch Methoden dafür bekannt. Allerdings ergibt sich dabei das Problem, dass durch die Konservierung manchmal erwünschte, manchmal unerwünschte Veränderungen eines Produktes erreicht werden, welche unterschiedliche Effekte (Veränderung des Geschmacks, Zerstörung von Inhaltsstoffen, etc.) erzeugen können. Diese Seminararbeit gibt einen Überblick über heute angewandte Konservierungsmöglichkeiten und ihre rechtlichen Grundlagen.

1.2 Geschichte der Lebensmittelkonservierung

Die Idee, Lebensmittel durch verschiedene Prozessierungen länger haltbar zu machen ist keineswegs eine Erfindung der Neuzeit. Schon als sich der Mensch das Feuer nutzbar gemacht hatte, entdeckte er, dass man durch Räuchern Fleisch länger haltbar machen konnte. Bei den Ägyptern war aufgrund klimatischer Gegebenheiten das Trocknen sehr beliebt. Babylonier und Sumerer trieben regen Handel mit gesalzenem Fleisch. Auch die Herstellung von Käse, also die Fermentierung, ist seit mehreren tausend Jahren bekannt. Schließlich waren, je nach kulturellen und klimatischen Bedingungen, auch das Einlegen in Öl, Essig, sowie verschiedene andere organische Säuren und nicht zuletzt in Alkohol gängige Methoden, Lebensmittel vor dem Verderb zu schützen. Dieser Einsatz diverser Methoden bewahrte den Menschen jedoch nicht vor toxischen Eigenschaften und so begleiteten Verordnungen und Richtlinien die Entwicklung der Konservierung, wie zum Beispiel im 15. Jahrhundert das Verbot Wein zu schwefeln. Mit der Entdeckung der Mikroorganismen konnten schließlich die Ursachen vieler Fäulnisprozesse bestimmt und dadurch gezielter bei der Konservierung vorangegangen werden. So gewann das Aufkochen an Bedeutung. Seit der Erfindung von Kühlgeräten, die eine kontinuierliche kühle Lagerung der Lebensmittel gewährleisten, werden vor allem frische Produkte vermehrt angeboten und verkauft. (Seabert und Wöhrmann, 1993; Lück und Jager, 1996)

2 Verderb

Verderb bezeichnet: „Nachteilige Veränderungen von Lebensmitteln, die dazu führen, daß die Lebensmittel für den menschlichen Verzehr unbrauchbar sind […] Ein verdorbenes Lebensmittel ist in der Regel auch in seiner sinnfälligen beschaffenheit (Aussehen, Konsistenz, Geruch, Geschmack) so deutlich verändert, dass es für den Verbraucher nicht mehr annehmbar ist." (Sinell, 2004)

2.1 (Mikro-)biologischer Verderb

Durch Mikroorganismen werden sowohl Inhaltsstoffe der Lebensmittel abgebaut, als auch verstoffwechselte Produkte angereichert. Dies kann in manchen Fällen erwünscht sein, wie zum Beispiel bei der Käseherstellung. Oft geht mit der Vermehrung von Pilzen oder Bakterien eine Anreicherung toxischer Stoffe einher, wodurch auch Krankheiten ausgelöst werden können. (Sinell, 2004)

2.2 Chemischer Verderb

Zelleigene Enzyme katalysieren Reaktionen, die einen Abbau und somit den Verderb von Nahrungsmitteln fördern. Ein bekanntes Beispiel ist die Bräunung von pflanzlichen Lebensmitteln, die – wie viele dieser Reaktionen – unter Einwirkung von Luftsauerstoff abläuft. Indem diese Enzyme durch verschiedene Methoden denaturiert und somit inaktiviert werden, kann chemischer Verderb inhibiert werden. (Heiss und Eichner, 2002)

2.3 Physikalischer Verderb

Hierunter versteht man Verderb, der durch physikalische Wechselwirkung, wie zum Beispiel mechanische Beeinflussungen, Hitze, Kälte oder elektromagnetische Strahlung, verursacht wird. Oft sind dies jedoch auch Vorgänge, die sich der Mensch zu Nutzen macht, um Lebensmittel länger haltbar zu machen. (Sinell, 2004)

3 Konservierungsstoffe

Konservierungsstoffe sind Verbindungen, die Lebensmittel vor dem Verderb schützen. Je nach Molekül wird dies durch unterschiedliche, im Folgenden näher beschriebene Methoden erreicht. Man unterscheidet allgemein zwischen zwei Arten von Konservierungsstoffen. „Konservierungsstoffe im engeren Sinn" haben direkten Einfluss auf den Verderb eines Produktes, indem sie zum Beispiel das mikrobielle Wachstum inhibieren. „Konservierungsstoffe im weiteren Sinn" optimieren die Bedingungen der „Konservierungsstoffe im engeren Sinn", indem sie zum Beispiel den pH-Wert einstellen. (Frede, 2006)

4 Physikalische Konservierungsmethoden

Physikalische Konservierungsmethoden beruhen auf dem Einwirken von physikalischen Kräften auf ein Lebensmittel, wodurch Mikroorganismen abgetötet und nachteilig wirkende Enzyme zerstört werden können. Die Kraft kann unter anderem mechanischer, elektromagnetischer, hydrostatischer oder thermischer Natur sein. (Ebermann, 2008)

4.1 Bestrahlen

Bestrahlung ist eine der effektivsten, jedoch auch umstrittensten Methoden, ein Lebensmittel haltbar zu machen. Für die Bestrahlung in Betracht kommen maschinell erzeugte Röntgenstrahlung, mittels ^{60}Cobalt gewonnene γ-Strahlung und Elektronenstrahlen. (Mittlerweile in der Praxis angewandt und nicht umstritten ist der Einsatz von UV-Strahlung; Diese kann mit hoher Spannung erzeugt werden und beruht auf demselben Prinzip der Konservierung durch elektromagnetischer Strahlung; Die Intensität ist jedoch nicht so hoch und daher dringt sie nicht in tiefere Schichten. (Altic, 2007)) Die verwendete Strahlendosis wird in Gray (1 Gray = 1 Joule / Kilogramm) angegeben. Die Energie der ionisierenden Strahlung erzeugt ionisierte Moleküle und Radikale, deren Rückkehr zu einem nicht mehr angeregten Zustand mit chemischen und physikalischen Reaktionen verbunden ist. (Schuchmann und Schuchmann, 2005)

Das Ziel ist vor allem Mikroorganismen und Parasiten abzutöten, wobei die Richtlinien klar festlegen, dass diese Methode nur angewandt werden darf, wenn Alternativen nicht den gewünschten Effekt erzielen würden. (Frede, 2006) Beispiele dafür sind tiefgefrorene Produkte, welche zur Konservierung zunächst aufgetaut werden müssten, oder Obst, in dessen Inneren andere Methoden nicht ohne gravierende Veränderungen wirken können. (z.B. Mango; Der im Kern der Frucht lebende Mangokäfer und dessen Larven können praktisch nur durch Strahlung abgetötet werden) Hier spielt jedoch auch der wirtschaftliche Aspekt eine Rolle, da diese Methode relativ teuer im Vergleich zum Erhitzen ist. (Heiss und Eichner, 2002)

Bestrahlung verleiht dem Lebensmittel einen charakteristischen Geschmack und kann zum Abbau von Vitaminen führen. Eine mögliche Alternative wäre das Bestrahlen in gefrorenem Zustand. (Baltes, 2007) Die Unbedenklichkeit der Methode – sofern GMP konform angewandt – bestätigt die EU für eine Dosis bis 10 kGy. (Nau et al., 2003) Dennoch ist bisher in vielen Ländern (wie auch in Deutschland und Österreich) nur die Bestrahlung von Kräutern und Gewürzen genehmigt. Bestrahlte Lebensmittel müssen gekennzeichnet werden. Stammen sie aus dem Ausland dürfen sie nur importiert werden, wenn die Bestrahlung in einer von der EU zugelassenen Bestrahlungsanlage durchgeführt worden ist. (Europäische Gemeinschaft, Amtsblatt Nr. L 066/2011)

4.2 Filtrieren

Mikrofiltration wird in erster Linie bei Milch und ähnlichen Produkten, die von Natur aus einer hohen Keimzahl unterliegt, angewandt. Dabei wird die Flüssigkeit durch einen feinen Filter gepresst (~1 µm Porengröße), wodurch alle größeren Mikroorganismen, insbesondere *Staphylococcus*, *Streptococcus*, *Clostridium*, etc. abgetrennt werden. Somit wird die Keimbelastung gesenkt. (Elwell, 2006) Dennoch zeigte sich, dass unter ökonomisch vernünftigem Aufwand kein total abiotisches Lebensmittel erzeugt werden kann. Insbesondere *Pseudomonas*, *Stenotrophomonas* und *Delftia*-Populationen fanden sich in erhöhter Anzahl nach 7 Tage kühler Lagerung. (Rasolofo, 2010)

4.3 Kühl- und Kälteverfahren

Jede Reaktion läuft bei Abnahme der Temperatur verlangsamt ab, wobei 12°C die untere Temperaturschwelle für das Wachstum vieler anaerober Mikroorganismen darstellt. (Gould, 2000) Jedoch ist die Temperaturabhängigkeit dieser Prozesse nicht von deren Reaktionspartnern unabhängig. So kann es bei der kühlen Lagerung von Lebensmitteln passieren, dass sich bestimmte Stoffe anhäufen, weil eine nachfolgende Reaktion stärker verlangsamt wurde als ihre vorhergehende. Im Allgemeinen gelten Kühl- und Kälteverfahren dennoch als jene Konservierungstechnik, bei der der Geschmack und das Aroma am Besten erhalten bleiben. (Schuchmann und Schuchmann, 2005) Mikroorganismen reagieren auf die Absenkung der Temperatur meist mit einer Stressreaktion, wobei unerwünschte Stoffwechselprodukte entstehen. Dies kann durch rasches Abkühlen vermindert werden. (Ebermann, 2008)

Da Fisch schon wenige Grad über dem Gefrierpunkt dem Verderb ausgesetzt ist, haben besonders bei Fischprodukten Kälteverfahren eine große Bedeutung. (Sinell, 2004) Auch bei Fleisch spielt das Tiefkühlen besonders bei einer längeren Lagerung eine große Rolle. Hier werden sogar Temperaturen von -55 °C empfohlen. (Zhou et al., 2010) Bei Eiern ist ein rasches Abkühlen besonders wichtig, um die Vermehrung von *Salmonella enteritidis* zu verhindern. Die Abkühlung mit Trockeneis und anschließende Lagerung bei 7 °C wird empfohlen (Keener et al., 2004)

4.4 Erhitzen

4.4.1 Pasteurisieren

Pasteurisieren bedeutet ein kurzzeitiges Erhitzen auf höhere Temperaturen (zum Beispiel 71-74°C für 30 Sekunden) oder ein Ultrahocherhitzen auf 135-150°C für eine Sekunde. Diese Methode verhindert lediglich die Vermehrung von Mikroorganismen, wodurch Lebensmittel nur begrenzt länger haltbar sind. Dafür bleiben in der Regel das Aroma und der Geschmack von frischen Produkten erhalten. (Ebermann, 2008)

4.4.2 Tyndallisieren

Tyndallisieren ist eine Vorstufe der Sterilisation. Lebensmittel werden im Abstand von je 24 Stunden drei Mal kurzfristig auf 100 °C erhitzt. Sporen von Mikroorganismen, die das Erhitzen überlebt haben, keimen aus und werden beim erneuten Erhitzen abgetötet. (Ebermann, 2008)

4.4.3 Blanchieren

Blanchieren bedeutet kurzzeitiges Erhitzen (etwa 10 Minuten) mit siedendem Wasser oder Dampf. Bei dieser Methode werden Mikroorganismen abgetötet und die Enzyme der Bräunungsreaktion zerstört. Ein weiterer Vorteil dieser Methode ist eine gleichzeitige Entgasung der Lebensmittel. Nach dem Prozess sollten sie unter Luftabschluss gelagert werden, weshalb sich diese Technik vor allem für Konserven – insbesondere Gemüse – eignet. (Ebermann, 2008)

4.4.4 Sterilisieren

Sterilisieren bezeichnet ein Verfahren bei dem Lebensmittel in einem geschlossenen Behälter auf über 120 °C erhitzt werden. Ziel dabei ist es alle Keime und Sporen abzutöten. Üblicherweise werden Prozesse dieser Art mit der Anzahl an Sporen des Krankheitserregers *Clostridium botulinum* validiert. Dieser erzeugt das für den Menschen potenteste bekannte Gift Botulin und ist ein wichtiger, anaerober Verderbniserreger. (Sinell, 2004) Beim Sterilisationsprozess tritt eine Geschmacksveränderung unvermeidbar ein, Lebensmittel verlieren an Proteinwertigkeit. In Folge von Maillard-Reaktionen kann es auch zu einer Bräunung der Lebensmittel kommen. (Rimbach, 2010) Die Lebensmittel werden nach dem Sterilisationsprozess in geschlossenen Behältnissen aus Glas, Blech, Aluminium oder Kunststoff aufbewahrt, die möglichst inert gegenüber dem Lebensmittel sein sollen. (Ebermann, 2008)

4.5 Hochdruckkonservierung

Hochdruckverfahren sind neuere physikalische Techniken, bei denen durch übertragenen hydrostatischen Druck ohne die Verwendung von thermischer Energie, Mikroorganismen und teilweise auch unerwünschte hochmolekulare Enzyme zerstört werden. Sporen keimen bei einem Druck von etwa 400 kPa zunächst aus und werden in einer zweiten Behandlung zerstört (Becker, 2005) Niedermolekulare Verbindungen wie Vitamine, Aroma- und Farbstoffe bleiben dabei erhalten, wodurch sich in der Regel der Geruch und der Geschmack des Lebensmittels nicht verändert. Je nach Parameter können sich aber gewisse Eigenschaften durch den Druck verändern. So kann zum Beispiel Fleisch zarter und Schokolade cremiger werden. Hochdruckkonservierung ist vergleichsweise sehr teuer, weshalb auf diese Weise konservierte Lebensmittel auch teurer sind. Die höheren Preise müssen daher durch ihre Qualität wettgemacht werden. Am Besten geeignet für diese Technik sind flüssige Lebensmittel wie zum Beispiel Püree, aber auch bei eingelegten Produkten kann diese Konservierungsmethode angewandt werden. (Schuchmann und Schuchmann, 2005)

4.6 Trocknung

Schon in frühen Zeiten wurden besonders Fisch, Fleisch, Obst, Gemüse und Zwiebel durch Trocknen im Freien länger haltbar gemacht. Gegen Ende des 18. Jahrhunderts wurde begonnen, das Trocknen in eigens dafür vorgesehenen Anlagen zu betreiben. Die damaligen Probleme, wie durch Maillard-Reaktion gebräuntes Gemüse oder denaturierte Milchprodukte, konnten durch moderne Technik beseitigt werden. (Kröll, 1989) Durch den Entzug von Wasser und damit Senkung der Wasseraktivität werden Mikroorganismen jedoch nicht getötet, sondern lediglich inaktiviert und sind somit unfähig sich zu vermehren. Getrocknete Produkte sollten nach dem Rehydrieren (man spricht vom Quellen) wieder das ursprüngliche Aroma haben, was aber selten vollständig erreicht wird. Beim Quellen werden sowohl Mikroorganismen, als auch zelluläre Enzyme – die je nach Lagerdauer an Aktivität verloren haben – wieder aktiv. (Westphal, 1996)

Beim Trocknen werden unterschiedliche Methoden angewandt. Während beim Sprühtrocknen das flüssige Gut in feinen Tröpfchen in Kammern mit heißer Luft (bis 200 °C) gesprüht wird, wird beim schonenderen Gefriertrocknen das Lebensmittel meist rotierend im Vakuum gefroren (-20 °C bis -30 °C) und das Wasser absublimiert. (Ebermann, 2008) Heutzutage wird besonders Getreide durch Trocknen vor Schimmel geschützt. Wie damals kann man auch heute noch getrocknetes Obst, Gemüse, Fleisch und Fisch sowie getrocknete Milch (Milchpulver) und Milchprodukte erwerben. (Lück, 1996)

4.7 Vakuumieren

Das eigentliche Ziel des Vakuumierens ist die Entfernung des Sauerstoffs aus der Verpackung, um zum einen das Wachstum von obligat aeroben Mikroorganismen zu verhindern und zum andern Oxidationsreaktionen zu verlangsamen. Es werden unterschiedliche Kombinationen in der Praxis angewandt. Neben dem generellen Absaugen vor dem Verpacken (Vakuumpackungen) werden auch Schutzgaspackungen mit leichtem Unterdruck (Teilvakuumpackungen), sowie nach Spülen mit Stickstoff vakuumierte Verpackung verwendet. (Buchner, 1999)

4.8 Wachsen

Das Wachs, mit dem Lebensmittel wie Früchte oder Käse manchmal überzogen werden, dient als Barriere für Mikroorganismen, die somit nicht in das Lebensmittel eindringen können. Da Wachse relativ chemisch inert sowie für Wasser und Luft relativ undurchlässig sind, reagieren sie kaum mit dem Lebensmittel und schützen gegen äußere Einflüsse. Nach dem Entfernen der Schicht sollte es normal verzehrbar sein. (Baltes, 2007)

4.9 Destillation

Destillation erhöht den Reinheitsgrad und somit auch die Konzentration einer Flüssigkeit oder eines Öls. Durch diese Aufkonzentrierung können Substanzen „autosteril" sein, also auf Grund der hohen Dosis das Wachstum eines Organismus verhindern. Öle und hochprozentige (>15 %) alkoholische Getränke sind Beispiele für die Anwendung dieses Prinzips. Während der Alkohol selbst abdestilliert wird und dabei Aromastoffe mitnimmt, wird beim Öl hingegen vorhandenes und zusätzlich eingeleitetes Wasser abdestilliert, welches dabei unerwünschte Stoffe extrahiert. Nicht verhindert wird jedoch unter anderem das Ranzigwerden eines Öls, dem Oxidationsprozesse zu Grunde liegen. (Lück, 1996)

4.10 Ultraschall

Ultraschall wird nicht alleine zur Lebensmittelkonservierung eingesetzt, sondern soll andere Konservierungsschritte unterstützen und Zeit und Energie sparen. (Sorge, 2002) In einem Review beschrieb eine französische Arbeitsgruppe (Chemat et al.) die Vorteile einer Kombination von Filtration mit Ultraschall – zum Beispiel bei der Produktion von Fruchtsäften. Die Filtrationsrate war beschleunigt, weniger Schäden an den Filtern wurden verursacht und ein reinerer Saft konnte gewonnen werden. Weiters stellten sie fest, dass beim Kochen und Einkochen von Lebensmitteln in Kombination mit Ultraschall die zugeführte Wärme gleichmäßiger verteilt werden kann. Dies hat eine Reduktion an Energie, Kochdauer und des Abbaus von Inhaltsstoffen zur Folge. Auch beim Gefrieren konnten Vorteile gezeigt werden. Da durch die Anwendung von Ultraschall mehr Keimzellen der Wasserkristallisation entstehen, sind die Wasserkristalle selbst kleiner. So entstanden weniger Schäden an den Zellen beim Gefrieren und folglich bleibt eine höhere Qualität der Lebensmittel erhalten. Ähnliche Effekte konnten auch in Kombination mit Trocknen und anderen Methoden der Lebensmittelkonservierung gezeigt werden. (Chemat et al., 2011)

Derzeit werden auch Effekte von Ultraschall als direkte Konservierungsmethode untersucht. Möglicherweise werden die Zellwände von Sporen (besonders von *Bacillus* und *Clostridium* Sporen) ausgedünnt und somit empfindlicher für thermische Einflüsse. Damit wären nicht mehr extreme Temperaturen (100°C, 4h) notwendig um diese mit Gewissheit abzutöten. (Ebermann, 2005)

4.11 Plasmasterilisation

Ein relativ neues Verfahren ist die Plasmasterilisation, die sich besonders für hitzeempfindliche Lebensmittel eignet. Das Lebensmittel wird in einer Kammer eingeschlossen, die entweder mit einem inerten Gas gefüllt (Yanez et al., 2011) oder vermindertem Druck ausgesetzt ist. (Moisan, 2002) An diese Kammer wird anschließend hohe Spannung von etwa 30 KV angelegt. Dadurch entstehen UV-Photonen und Radikale, welche Mikroorganismen und deren Sporen an der Oberfläche zerstören. Der große Vorteil dieser Methode ist, dass die Lebensmittel weder abgekühlt noch erhitzt werden. (Ragni et al, 2010)

Die EU ist besonders daran interessiert, diese Methode zur Oberflächensterilisation von Eiern einzusetzen. (REA, 2011)

5 Chemische Methoden

5.1 Einsalzen, Einlegen

Einsalzen und ähnliche Methoden, wie etwa hohe Konzentrationen an Zucker, erzeugen hohen osmotischen Druck, wodurch den Mikroorganismen Wasser entzogen wird. Man spricht von einer Senkung der Wasseraktivität. Unter Diskussion stehen noch konservierende Mechanismen wie eine Sensibilisierung von Mikroorganismen auf CO_2 und Verdrängung des Sauerstoffs. (Sinell, 2004)

Das Einsalzen von Lebensmitteln – insbesondere Fleisch und Fleischprodukte - war eine der ersten bekannten Konservierungsmethoden und führte zu einem florierenden Handel mit unterschiedlichen Salzen, wie Kochsalz (NaCl) und später Pökelsalz ($NaNO_2$). Da Kochsalz erst ab einer relativ hohen Konzentration von etwa 8% mikrobielles Wachstum inhibiert, was nicht nur den Geschmack deutlich verändert, sondern auch zu einer zu großen Salzaufnahme des Menschen führen würde, wird es gerne mit dem Pökelsalz kombiniert, von dem dann nur wenige hundert ppm benötigt werden. (Heiss und Eichner, 2002)

Nitrite beziehungsweise salpetrige Säure reagiert, unter Einwirkung von Hitze, aber auch katalysiert durch den sauren pH-Wert im Magen, vornehmlich mit sekundären Aminen zu hoch krebserregenden Nitrosaminen. (Baltes, 2007) Daher gilt es beim Pökeln von Nahrungsmitteln nicht mehr als die minimal erforderliche Dosis einzusetzen. (Schauder und Ollenschläger, 2006)

5.2 Alkohol und Zucker

Eine weitere Methode die Wasseraktivität in Lebensmitteln zu senken, ist das Einlegen in Alkohol und das Zuckern von Lebensmitteln. Das Einlegen von Lebensmitteln in Alkohol findet man in der Regel nur bei Früchten. Dafür gibt es viele Lebensmittel, in denen im Rahmen eines Vergärungsprozesses konservierender Alkohol entsteht. (siehe Vergärung) (Ebermann, 2008)

Beim Zuckern von Lebensmitteln wird fast ausschließlich Saccharose verwendet, deren Anteil dabei, je nach Lebensmittel, über 50% betragen kann. In großem Umfang wird diese Art der Konservierung bei Marmeladen und kandierten Früchten betrieben. (Schuchmann und Schuchmann, 2005)

5.3 Räuchern

Räuchern zählt mit zu den ältesten Konservierungsmethoden und wird hauptsächlich bei Fleisch (in der Regel in Kombination mit Pökeln), Fisch und Käse angewandt. Der konservierende Effekt des Räucherns beruht auf einer Senkung der Wasseraktivität, sowie auf einer teilweise antibiotischen und antioxidativen Wirkung des Rauches. Beim Räuchern wird der Geruch und der Geschmack des Lebensmittels deutlich beeinflusst, abhängig davon welche Holzspäne und Aromen verwendet werden. Beim Schwelen – dem unvollständigen Verbrennen des Holzes – entstehen unter anderem Phenole (z.b. Guajacol und Brenzkatechin), Carbonyle (Formaldehyd bewirkt eine Quervernetzung der Proteine), Carbonsäuren und polyzyklische aromatische Kohlenwasserstoffe (z.B. Benzopyren) (Hall, 2004) Problematisch ist die Entstehung von kanzerogenen polyzyklischen Kohlenwasserstoffen, die sich besonders gut in Fett lösen. Es gelingt nur mäßig diese aus dem Aerosol zu filtern. Je nach verwendeter Temperatur unterscheidet man zwischen Kalt- (< 25°C) Warm-(< 50°C) und Heißräucherung (>50°C), die in geeigneten Räucherkammern durchgeführt wird. (Ebermann, 2008)

5.4 Säuren

Nur wenige Bakterien können sich, im Gegensatz zur Hefe, bei niedrigem pH-Wert vermehren. Besonders der pH-Wert von 4,5 stellt eine entscheidende Schwelle für *Clostridium botulinum* dar, weswegen dieser Wert für die Lebensmittelsicherheit von angesäuerten Produkten entscheidend ist. (Gould, 2000) Neben den durch anaerobe Bakterien produzierten Säuren (= Fermentation) werden auch organische Säuren Lebensmitteln zur Konservierung zugesetzt. (meist Milchsäure, Citronensäure, Essigsäure) Im Zusammenhang mit Fischen spricht man auch häufig vom Marinieren. Die Säure verändert jedoch den Geschmack charakteristisch. (Ebermann, 2008)

5.5 Antioxidantien

Antioxidantien werden Lebensmitteln hinzugesetzt, um einen oxidativen Abbau – besonders von Fetten (umgangssprachlich spricht man vom „ranzig werden") – zu verhindern. Je nach Zusatz wird das durch eine vermehrte Reaktion des Antioxidants mit Luftsauerstoff oder eine Inhibierung der Bildung von Radikalen erreicht. Da ihre Wirkung auf ein Abfangen und Stabilisieren des radikalen Elektrons beruht (sie bilden in einer Reaktion ein stabileres Radikal als das ursprüngliche Radikal), werden sie, in zu hohen Konzentrationen eingesetzt, selbst zum Oxidants. Wichtige Stoffe dieser Gruppe sind die L-Ascorbinsäure, Tocopherole, schwefelige Säure und ihre Sulfite, sowie Phenolderivate von *tert*-Butylhydroxyanisol. (Frede, 2006)

5.6 Schwefeln

Das Schwefeln war besonders im Mittelalter beliebt, um Wein zu konservieren. Es wird heute noch bei Wein, Trockenobst und Meerrettich (in manchen Fällen auch Kartoffeln) angewandt. Das durch Verbrennen von Schwefel erzeugte Sulfit wirkt antimikrobiell und stark reduzierend. (Rimbach, 2010) Weiters deaktiviert es viele Enzyme, die die Oxidation fördern. Weine werden noch heute (Kennzeichnungspflicht ab 10 mg/L) durch Hinzugabe von Sulfitlösungen geschwefelt, um zum einen den geschmackverändernden unerwünschten Acetaldehyd zu Acetaldehydhydrogensulfit zu binden, zum anderen den Gärprozess zu stoppen. (Lück, 1996)

5.7 Komplexbildner

Die auch Synergisten genannten Stoffe werden oft zusammen mit den Antioxidantien eingesetzt und dienen dem indirekten Oxidationsschutz. Metalle können in Lebensmitteln ebenfalls die Oxidation beschleunigen indem sie aus Luftsauerstoff Radikale bilden. Dieser Effekt wird durch ihre Komplexierung verhindert. Wichtige eingesetzte Verbindungen sind Milchsäure, Weinsäure, Citronensäure, Orthophosphosäure und Lecithine. (Frede, 2006)

5.8 Schutzgase

Schutzgase werden in die bereits abgefüllte Lebensmittelverpackung eingeleitet, um den dort vorhandenen Sauerstoff zu verdrängen. Dies soll zum einen das Wachstum von obligat aeroben Organismen verhindern und gilt somit als indirekt antimikrobiell. Zum anderen wird der oxidative Verderb des Lebensmittels aufgehalten. (Frede, 2006) Ein beliebtes Gas bei Fleisch und Backwaren ist Kohlendioxid, das zusätzlich eine wachstumsinhibierende Wirkung bei manchen Mikroorganismen zeigt. Auch Stickstoff hat sich bewährt, besonders wenn die Erhaltung von oxidationssensiblen Stoffen wichtig ist. Kontrovers ist der Einsatz von Sauerstoff, der eigentlich innerhalb von Verpackungen unerwünscht ist. Er sorgt jedoch bei verpacktem rotem Fleisch für den Erhalt der roten Farbe. (Buchner, 1999) So wird Rindfleisch meist mit 70:30 O_2:CO_2 verpackt. (Gould, 2000)

6 Biologische Methoden

6.1 Fermentation

Als Fermentation bezeichnet man den Zusatz von anaeroben säureproduzierenden Mikroorganismen, welche aus Kohlehydraten enzymatisch organische Säuren produzieren und somit den pH-Wert des Mediums absenken. Beispiele für verwendete Stämme sind Laktobazillen, welche im vorher häufig gesalzenen Produkt Kohlehydrate zu Milchsäure abbauen. Dabei entstehen neue charakteristische Aromen. Dieser enzymatischen Ansäuerung von Lebensmitteln bedient man sich häufig bei Sauerkraut, Brot, Joghurt, Käse und anderen Milch- und Fleischprodukten. (Ebermann, 2008)

6.2 Enzyme

Auf der einen Seite sind viele Enzyme (zum Beispiel jene, die eine Maillard-Reaktion und damit Bräunung von Lebensmitteln begünstigen) neben Mikroorganismen, der entscheidende Faktor, der die Haltbarkeit von Lebensmitteln begrenzt. Auf der anderen Seite sind manche Enzyme in Lebensmitteln erwünscht, um etwa Prozesse zu unterstützen (siehe Gärung) aber auch um eine längere Haltbarkeit zu erzielen. So verwendet die Industrie beispielsweise Peroxidasen – gewonnen aus Soja – in Backwaren. (Lösche, 2000)

6.3 Vergären

Beim Vergären werden Mikroorganismen genutzt, die durch die Verstoffwechslung von Kohlenhydraten konservierenden Alkohol bilden. Dabei wird der Geschmack des Lebensmittels charakteristisch verändert. Diese Methode wird bei vielen Produkten wie Sauerkraut oder Getränken (zum Beispiel Wein) angewandt. (Heiss, 2002) Der Alkohol konserviert dabei erst ab einem Gehalt von etwa 15%, meist in Kombination mit gleichzeitig im Lebensmittel gebildeten Säuren. (Ebermann, 2008)

7 Lebensmittelrechtliche Grundlagen

In Österreich gilt, wie im gesamten EU-Raum, die Verordnung Nr.178/2002 vom 28. Jänner 2002 „zur Festlegung der allgemeinen Grundsätze und Anforderungen des Lebensmittelrechts, zur Errichtung der Europäischen Behörde für Lebensmittelsicherheit und zur Festlegung von Verfahren zur Lebensmittelsicherheit". Hier werden Anforderungen an Lebensmittel sowie Zuständigkeiten bezüglich Verkehr, als auch Kontrolle, Risikobewertung und so weiter geregelt. (Bundesministerium f. Gesundheit, 2011)

Im Lebensmittelsicherheits- und Verbraucherschutzgesetz (LMSVG vom 20. Jänner 2006 gültig in der Fassung vom 29. November 2010) legt das Bundesministerium für Gesundheit nationale Anforderungen an Lebensmittel fest. Unter anderem ist es verboten: „Lebensmittel, die nicht sicher gemäß Art. 14 der Verordnung (EG) 178/2002 sind, d.h. gesundheitsschädlich oder für den menschlichen Verzehr ungeeignet sind (...) in Verkehr zu bringen." (§5 Abs. 1 LMSVG, 2006) Weiters ist in §9 festgeschrieben, dass ohne Zulassung des Gesundheitsministeriums kein mit ionisierender Strahlung behandeltes Lebensmittel in Verkehr gebracht werden darf. In Österreich existiert ein eigenes Weingesetz von 1999 (in der gültigen Fassung von Oktober 2007) zur Regelung der Produktion und des Handels mit Wein. Die EU-Richtlinien über Zusatzstoffe und Konservierungsmittel in Nahrungsmitteln wurden in der 383. Verordnung „zu anderen Zusatzstoffen als Farbstoffe und Süßungsmittel" (ZuV) vom 5. November 1998 (in der gültigen Fassung von August 2009) umgesetzt. Neben der Zulassung einzelner Verbindungen als Konservierungsmittel ist der zentrale Grundsatz dieser Verordnung, dass so viel wie notwendig, aber so wenig wie möglich zugesetzt werden darf. Alle zugesetzten Zusatzstoffe müssen erst von der Europäischen Agentur für Lebensmittelsicherheit (European Food Safty Agency – EFSA) zugelassen und regelmäßig (alle 10 Jahre) neu bewertet werden. Sie werden mit E-Nummern versehen, die auf den Verpackungen von Lebensmitteln aufgelistet werden müssen. (Europäische Gemeinschaft Amtsblatt Nr. L 040, 1989 und Amtsblatt Nr. L 061, 1995) Zuständig für die Kontrolle von Lebensmitteln in Österreich ist die Agentur für Gesundheit und Ernährungssicherheit (AGES).

8   Quellen

Altic LC., Rowe M., Grant IR. *UV Light Inactivation of Mycobacterium avium subsp. Aratuberculosis in Milk as Assessed by FASTPlaqueTB Phage Assay and Culture.* Applied and environmental Microbiology, Vol. 73 No. 11, p. 3728–3733, **2007**.

Baltes W. *Lebensmittelchemie.* Springer, 6. Auflage, **2007**.

Becker B. *Bacillus cereus.* Behr's Verlag, **2005**.

Buchner N. *Verpackung von Lebensmittel – Lebensmitteltechnologische, verpackungstechnische und mikrobiologische Grundlagen.* Springer, **1999**.

Bundesamt für Verbraucherschutz und Lebensmittelsicherheit. *Bestrahlung von Lebensmitteln* http://www.bvl.bund.de/cln_028/nn_495100/DE/01_Lebensmittel/06_Verbraucherinfos/05_LMBestrahlen/lm_LM_Bestrahlen_node.html_nnn=true [17. März **2011**]

Chemat F., Zill-e-Huma, Khan MK. *Applications of ultrasound in food technology: Processing, preservation and extraction.* Ultrasonics Sonochemistry 18, 813–835, **2011**.

Diehl JF. *Chemie in Lebensmitteln.* Wiley-VCH, Nachdruck 2001, **2000**.

Ebermann R. und Elmadfa I. *Lebensmittelchemie und Ernährung.* Springer, **2008**.

Elwell MW., Barbano DM. *Use of Microfiltration to Improve Fluid Milk Quality.* J. Dairy Sci. 89, E10–E30, **2006**.

European Food Safety Authority. *Lebensmittelzusatzstoffe.* http://www.efsa.europa.eu/de/anstopics/topic/additives.htm [14.04.**2011**]

Europäische Gemeinschaft *Amtsblatt Nr. L 066 vom 13/03/1999 S. 0016 – 0023* http://eur-lex.europa.eu/LexUriServ/LexUriServ.do?uri=CELEX:31999L0002:DE:HTML [17. März 2011]

Europäische Gemeinschaft *Amtsblatt Nr. L 040 vom 11/02/1989 zur Angleichung der Rechtsvorschriften der Mitgliedstaaten über Zusatzstoffe, die in Lebensmitteln verwendet werden dürfen.* http://ec.europa.eu/food/fs/sfp/addit_flavor/flav07_de.pdf [17. März 2011]

Europäische Gemeinschaft *Amtsblatt Nr. L 061 vom 18/03/1995 S.1ff über andere Lebensmittelzusatzstoffe als Farbstoffe und Süßungsmittel.* http://ec.europa.eu/food/fs/sfp/addit_flavor/flav11_de.pdf [17. März 2011]

Frede W. *Taschenbuch für Lebensmittelchemiker.* Springer, 2. Auflage, **2006**.

Gould GW. *Preservation: past, present, future.* Brrtish Medical Bulletin 56 (No 1) 84-96, **2000**.

Keener KM., Anderson KE., Curtis PA., Foegeding JB. *Determination of Cooling Rates and Carbon Dioxide Uptake in Commercially Processed Shell Eggs Using Cryogenic Carbon Dioxide Gas.* Poultry Science 83:89–94, **2004**.

Kröll K. Kast W. *Trocknungstechnik: Band 3: Trocknen und Trockner in der Produktion.* Springer, **1989**.

Lösche K., *Enzyme in der Lebensmitteltechnologie.* Behr's Verlag, **2000**.

Lück E. und Jager M. *Chemische Lebensmittelkonservierung: Stoffe, Wirkung, Methoden.* Springer, 3. Auflage, **1996**.

Hall G. *Handbuch Aromen und Gewürze.* Behr's Verlag **2004**.

Heiss R. und Eichner K. *Haltbarmachen von Lebensmitteln – Chemische, physikalische und mikrobiologische Grundlagen der Qualitätserhaltung.* Springer, 4. Auflage, **2002**.

Moisan M., Barbeau J., Crevier MC., Pelletier J., Philip N., Saoudi B. *Plasma sterilisation. Methods and Mechanisms.* Pure Appl. Chem., Vol. 74, No. 3, pp. 349–358, **2002**.

Nau H., Steinberg P., Kietzmann M., *Lebensmitteltoxikologie – Rückstände und Kontaminanten: Risiken und Verbraucherschutz.* Parey Buchverlag, **2003**.

Ragni L., Berardinelli A., Vannini L., Montanari C., Sirri F., Guerzoni ME., Guarnieri A. *Non-thermal atmospheric gas plasma device for surface decontamination of shell eggs.* Journal of Food Engineering No. 100, 125–132, **2010**.

Rasolofo EA., St-Gelais D., LaPointe G., Roy D. *Molecular analysis of bacterial population structure and dynamics during cold storage of untreated and treated milk.* International Journal of Food Microbiology 138, p.108–118, **2010**.

REA – European Commission for Researsch and Innovation. *Bacteria-free eggs thanks to plasma technology.* http://ec.europa.eu/research/rea/ [01.04.**2011**]

Rimbach G., Möhring J., Erbersdobler HF., *Lebensmittel - Warenkunde für Einsteiger.* Springer, **2010**.

Schauder P., Ollenschläger G. *Ernährungsmedizin – Prevention und Therapie.* Urban & Fischer, **2006**.

Schuchmann H., Schuchmann H. Lebensmittelverfahrenstechnik: Rohstoff, Prozesse, Produkte. 1. Auflage Wiley-VCH, **2005**.

Seabert H. und Wöhrmann H. *Geschichte der Lebensmittelkonservierung* NiU-Chemie 4, Nr. 19, Seite 10-13, **1993**.

Sinell HJ. *Einführung in die Lebensmittelhygiene.* MVS Medizinverlage Stuttgart, 4. neubearbeitete Auflage, **2004**.

Sorge G., *Faszination Ultraschall.* Teubner, 1. Auflage, 2002

Westphal G., Buhr H., Otto H. Reaktionskinetik in Lebensmitteln. Springer, **1996**.

Yanez Y. *Bakteria-free eggs thanks to plasma technology.* Euronews vom 28.03.**2011**.

Zhou GH., Xu XL., Liu Y. Preservation technologies for fresh meat – A Review. Meat Science 86, 119–128, **2010**.